张国有／主编

北大名家墨迹手账

U0246985

北京大学出版社
PEKING UNIVERSITY PRESS

原北京大学数学系楼，
位于北京沙滩后街。

李北巍/摄

北大是常为新的改进的运动的先锋，
要使中国向着好的往上的道路走。

————鲁迅

序

去年，北大刚刚过了一百二十岁的生日。今年，我们用一本小小的"墨迹手账"再来展现北大名家的风范。其收录的作品，较早的是1898年作为首任管理大学堂事务大臣的孙家鼐后来的手书，较晚的如北大的文艺评论家金开诚于1998年书就的墨迹。绵延上百年，彰显着北大人的秉性和底蕴。

这里聚集的一百位北大名家，不但沉潜治学、传道授业，还常常信笔而就，手书于纸上。既有临摹誊录、用以题赠或自赏的雅辞高作，也有微言大义、用以自勉或劝勉他人的警句格言；既有往来交流、兴之所至的信函，也有记叙往事、咏怀抒情的自作诗词。精彩纷呈。

在这些名家面前，我是很晚的晚辈。从在北大上学，到在管理学院任教，也有四十余年了。让我来做主编，诚恐而不敢当。可当我看到张亚如编辑送来的墨迹资料时，前辈的书法造诣、风骨意趣、学养品行，真的让我感动了。我答应做主编，来推展这本感

1

人的墨迹手账。

亚如编辑找到我，还有个背景。从 2014 年开始，我和几位同仁策划了五届"宣纸上的北大精神"书法作品展，邀请北大的学者、学生、领导用书法艺术展现北大精神。北大历史、北大学者、北大出版、北大青年、北大使命，一年一个主题。五年下来有我百余幅拙品。

由于对书法的爱好和对北大的了解，才有了对墨迹手账从心底的感应。墨迹手账不仅可用来对北大名家的手迹进行书法鉴赏，还可从中体味墨迹背后的意蕴、功底和故事。有时，翻开一篇，看着笔划，看着字形，看着间架，看着篇局，似乎要看透纸背，遐想着前辈们当时构思着墨的情形。

这本墨迹手账中的名家，虽有百位，但也仅仅是北大学人中的一部分。仅就此，也足以显示滋养后世的一代风华。带一本墨迹手账给自己的儿女，给亲朋好友，品阅学风，感悟书法，传承笔墨，记录灵感，去体会北大的文化气象及精神魅力。愿各位尽情欣赏，心旷神怡。

张国有

北大经济与管理学部主任　前副校长

2019 年 4 月 22 日

北大名家墨迹手账

这是一本荟萃北大名家墨迹的小书。书里精心选取了一百位北大名家的一百零九幅珍贵手迹，并按照名家的出生年月顺序编排。

左页是名家手迹，每幅作品均配有简短的图说，包括仔细誊录的手迹内容，以及一些精心收集的手迹背后的点滴故事。故事带着动人的温度，文字镌着永恒的风韵。

右页空白处可供书写灵感乍现的读书笔记和生活感悟。你不妨用这款手账唤醒关于手写的记忆，书写你的时光"手迹"。

流云飞渡，诗书漫卷，雍容里氤氲着墨香淡淡；挥毫落纸，笔端轻扬，方寸间容纳了乾坤万里。

与可自有竹外竹，少文不游山间山。

◎孙家鼐为京师大学堂首任管学大臣，本联为其退休前所书。文物鉴藏家、北京大学教授程道德说："（此二句）不敢说是其绝笔，但确信是其一生禅悟。"

4

北京大学

孙家鼐（1827—1909），咸丰年间状元。曾为光绪皇帝授教。1898 年 7 月 3 日以吏部尚书、协办大学士受命为首任管理大学堂事务大臣，筹办京师大学堂，筹划制订了中国近代高等教育最早的章程——《奏拟京师大学堂章程》。后任文渊阁大学士、学务大臣等。

奥学丕天懿文华国

清机昭理大业镇浮

挚甫吴汝纶

吴汝纶

奥学丕天懿文华国，清机昭理大业镇浮。

北京大学

吴汝纶（1840—1903），同治进士。1902年任京师大学堂总教习。晚清"桐城派"的代表人物之一，对经学、诗赋、训诂、考据无不精通。著有《桐城吴先生全书》。

评花到处收诗料，品竹随人入画禅。

北京大学

　　许景澄（1845—1900），同治进士。曾任京师大学堂总教习、管学大臣。代表作品有《许文肃公遗稿》等。

张百熙

仙省新诗几度传，一吟乡思一悠然。许身自比南金重，浪迹方为曲木金。燕地湖山春酒畔，楚天风雨夜灯前。看云听鸟同今日，跃马乘龙忆往年。

◎此为张百熙晚年所作抒怀七言诗。此扇面未落上款，也没有著录出处。第四句"曲木金"的"金"字，疑为"全"之笔误。

北京大学

张百熙（1847—1907），同治进士。1902年以工部尚书受命为管学大臣，着手恢复因八国联军入侵而暂时停办的京师大学堂，创译学馆、医学实业馆。主持制订的《钦定学堂章程》是中国最早以政府名义颁布的完整学制。1903年12月，奏准派遣京师大学堂47名品学兼优的学生出洋留学，中国国立大学派遣留学生由此开始。

柳絮晴飛日梅花春發時天
顏多喜色瑞氣滿瑤池綠葉
迎春綠寒枝閱歲寒願持柏
葉壽長奉萬年歡北陸凝陰
後千門淑氣新年年金殿裏
寶字帖宜春

臣張亨嘉敬書

张亨嘉

　　柳絮晴飞日，梅花春发时。天颜多喜色，瑞气满瑶池。绿叶迎春绿，寒枝阅岁寒。愿持柏叶寿，长奉万年欢。北陆凝阴后，千门淑气新。年年金殿里，宝字帖宜春。

　　◎此诗为张亨嘉为官时给皇太后的新春献词，辞藻华美。

12

北京大学

张亨嘉（1847—1911），光绪年间进士。1904 年 2 月 6 日以大理寺少卿受命为京师大学堂首任总监督，就职训词言简意远："诸生为国求学，努力自爱。"曾为大学堂开辟学舍，延揽人才。在文物鉴赏等领域有精深研究。在其推动下，1905 年 5 月，京师大学堂召开第一届运动会，开中国大学运动会的先河。

美盛人文瞻地力

清平世道見天心

朱益藩

朱益藩

美盛人文瞻地力，清平世道见天心。

14

北京大学

朱益藩（1861—1937），书法家。曾任京师大学堂总监督。

一點黃金鑄秋菊

丹庭仁兄大人雅正

九重春色醉仙桃

季冬　趙熙

赵熙

一点黄金铸秋菊，九重春色醉仙桃。

北京大学

赵熙（1867—1948），诗人、书画家。曾在北京大学任教。工诗书、善作画。著有《赵熙集》等。

我对于各家学说，依各国大学通例，循思想自由原则，兼容并包。无论何种学派，苟其言之成理，持之有故，尚未达自然淘汰之命运，即使彼此相反，也听他们自由发展。例如陈君介石、陈君汉章一派的文史，与沈君尹默一派不同；黄君季刚一派的文学，又与胡君适之的一派不同，那时候各行其是，并不相妨。对于外国语，也力矫偏重英语的旧习，增设法、德、俄诸国文学系，即世界语亦列为选科。（蔡元培"自写年谱"部分）

18

北京大学

　　蔡元培（1868—1940），民主革命家、教育家、思想家。1916 年年底任北京大学校长，实行思想自由、兼容并包的方针，对北大进行了卓有成效的改革。曾任中华民国临时政府首任教育总长、中央研究院院长等。论著编为《蔡元培全集》。

北大卅五年纪念

風雨如晦

雞鳴不已

蔡元培

蔡元培

北大卅五年纪念：风雨如晦，鸡鸣不已。

20

北京大学

伍齐益

伍齐益，台山中学毕业，在补习班，准其照常报名。此致文牍处。
陈独秀 九月十六日 文科教务长

北京大学

　　陈独秀（1879—1942），革命家、学者。1917年起任北京大学教授和文科学长。1915年在上海创办《青年杂志》（后改名《新青年》），是五四新文化运动的主要倡导者。中国共产党的主要创始人之一。论著编为《独秀文存》等。

兰为君子佩　植根不当门
发岱远馥　九畹咏王孙　兰为美人
采萍藻掩　芳洁沐浴助精䄄
岂为芗泽设　陳垣

陈
垣

兰为君子佩，植根不当门。幽谷发远馥，九畹咏王孙。兰为美人采，萍藻掩芳洁。沐浴助精䄄，岂为芗泽设。（杨慎《西兰图》）

24

北京大学

陈垣（1880—1971），历史学家，学部委员。曾任北京大学教授、北大研究所国学门导师等。在宗教史、元史、历史年代学、校勘学、目录学等领域均有精深造诣。代表作品有《元也里可温考》《元西域人华化考》等。

廉澄尊兄屬　馬衡

馬　衡

　　胸中一壑本超然，投迹塵埃只可憐。斗粟累人要自折，不緣身在督郵前。

　　來解征衣日未余，小軒泉竹兩清華。道人法力真無礙，解遣龍孫吐浪花。（朱松詩二首）

北京大学

马衡（1881—1955），金石学家、考古学家。曾任北京大学教授、北大研究所国学门考古研究室主任兼导师，故宫博物院院长等。系统总结了宋朝以来金石研究的成果，对秦石鼓、汉魏石经及古代度量衡有精深研究。曾主持燕下都遗址的发掘，推动了中国考古学由传统的金石考证到近代田野发掘的转变。代表作品有《汉石经集存》《凡将斋金石丛稿》等。

寂寞新文苑，平安旧战场。两间余一卒，荷戟尚彷徨。

◎此诗后来取名为《题〈彷徨〉》，末句在编入《集外集》时，改为"荷戟独彷徨"。

辛亥之春书

鲁
迅

北京大学

鲁迅（1881—1936），文学家、思想家。曾任北京大学讲师、北大研究所国学门委员会委员。在北大讲授中国小说史，出版了《中国小说史略》，开中国小说史研究之先河。1918年发表的《狂人日记》是中国第一部现代白话文小说。随后写了《阿Q正传》等名篇和大量思想深刻的杂文，蜚声世界文坛。著作编为《鲁迅全集》。

百　年　樹　人

馬寅初

马寅初

百年树人

◎此为1951年马寅初为上海中华工商专科学校毕业刊题词。

北京大学

　　马寅初（1882—1982），经济学家、教育家，学部委员。曾任北京大学教授、教务长、校长、名誉校长等。为中国研究西方经济学的先驱，从20世纪20年代起，就比较系统地介绍了西方经济学的各种流派。1957年发表《新人口论》，提出了"控制人口增长"等具有远见卓识的论断，并始终不渝地坚持真理。论著编为《马寅初全集》。

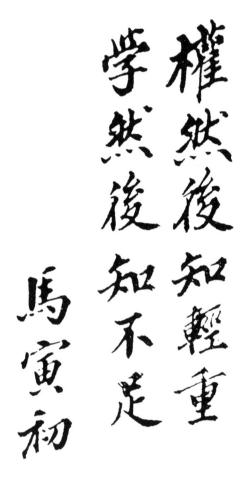

权然后知轻重，学然后知不足。

◎屠良章是马寅初的学生，1946—1948年就读于上海中华工商专科学校。1947年，震惊全国的"五·二〇"血案发生后不久，马寅初不顾威吓，留下遗书，应南京市学联之邀赴中央大学演讲。行前，他为屠良章写下以上题字。

北京大学

百尺闌干横海立

一生襟抱與山開

旭生先生正之

于然

沈尹默

百尺闌干横海立，一生襟抱与山开。

34

北京大学

沈尹默（1883—1971），诗人、书法家、教育家。曾任北京大学教授、北平大学校长等。曾任《新青年》编辑，提倡白话诗，旧体诗词功力亦深。代表作品有《秋明集》《历代名家学书经验谈辑要释义》等。

知君抱古癖，阿堵足稱豪

寰天子水衡府美人金

錯刀尊盧徵夏史肉好

辨秋毫會得明神古雄

文續魯褒

奉題澹盧西泉圖即希

貫怐道先先生教正

乙肪吳梅書于南都

吴　梅

　　知君抱古癖，阿堵足称豪。天子水衡府，美人金错刀。尊庐征夏史，肉好辨秋毫。会得明神旨，雄文续鲁褒。

北京大学

吴梅（1884—1939），文学家。曾任北京大学教授。在诗、文、曲、词的研究和创作上颇有成绩。代表作品有《顾曲麈谈》《中国戏曲概论》等。

澹澹秋痕到荻翎，故人招我上江亭。焦桐谱出渔歌子，争想烟波放钓舲。越曲吴歈到口工，解音无过沈存中。若教长篴（笛）重新赋，为报尊前有马融。风流吾爱张平子，未到登高尊酒开。穿荻小车流水过，旁人争道听琴回。

廉澄学兄两政弟叙伦

马叙伦

澹澹秋痕到荻翎，故人招我上江亭。焦桐谱出渔歌子，争想烟波放钓舲。越曲吴歈到口工，解音无过沈存中。若教长篴（笛）重新赋，为报尊前有马融。风流吾爱张平子，未到登高尊酒开。穿荻小车流水过，旁人争道听琴回。

◎马叙伦与赵迺抟的友谊非常深厚。1936年，因马叙伦积极投身爱国民主运动，南京国民政府勒令北京大学将其解聘。这个时期，马叙伦没有固定收入，生活十分困窘。他给赵迺抟写信请其帮助申请科研经费，赵迺抟慷慨相助。

38

北京大学

马叙伦（1885—1970），语言文字学家、教育家，学部委员。曾任北京大学教授。中华人民共和国成立后，任教育部、高教部部长和全国政协副主席等。在文字、音韵、训诂和中国古典哲学方面均有精深造诣。代表作品有《庄子义证》《说文解字六书疏证》等。

懿明后，德义章。贡王庭，征鬼方。威布烈，安殊荒。还师旅，临槐里。感孔怀，赴丧纪。嗟逆贼，燔城市。特受命，理残圮。（临汉《曹全碑》）

北京大学

蒋梦麟（1886—1964），教育家。曾任北京大学教授、总务长、代理校长、校长，西南联合大学常务委员会委员等。是北大任期最长的校长，对北大的建设和发展多有贡献。代表作品有《西潮》《新潮》《中国教育原理》等。

国立北京大学卅一周（年）纪念：你是青年的慈母，我祝你永远健康生存。

蒋梦麟

42

北京大学

黄侃

柴荆散策静凉飔，隐几扁舟白下潮。紫磨月轮升霭霭，帝青云幕卷寥寥。数家鸡犬如相识，一坞山林独（特）见招。尚有（忆）木瓜园最好，兴残中路且回桡。（王安石《回桡》）

◎ 这幅诗轴是黄侃为其侄黄焯所书。黄焯受学于黄侃，精于经学、文字学，其中又以诗经学、音韵学、训诂学尤长。黄焯在整理黄侃遗著方面不遗余力，整理出版了多种黄侃遗著。

北京大学

　　黄侃（1886—1935），著名语言文字学家。曾任北京大学教授。擅长音韵训诂，兼通文史。为《国故》月刊主编之一，对中国传统文化多有研究与阐释。代表作品有《文心雕龙札记》《声韵略说》《声韵通例》《集韵声类表》等。

西北油然云势浓，须臾滂沛雨飘空。顿舒（疏）万物焦枯意，定看秋郊稼穑丰。伯导先生属写白香山喜雨诗一首为楠林先生补壁即希正字

一九五一年十月 任鸿隽

任鸿隽

西北油然云势浓，须臾滂沛雨飘空。顿舒（疏）万物焦枯意，定看秋郊稼穑丰。（白居易《喜雨》）

46

北京大学

任鸿隽（1886—1961），化学家、教育家。曾任北京大学教授、中央研究院总干事兼化学研究所所长等。参与发起成立中国最早的综合性科学团体——中国科学社。为中国最早的现代综合性科学杂志——《科学》的创建人之一。代表作品有《大宇宙与小宇宙》《最近百年化学的进展》《科学概论》《爱因斯坦与相对论》等。

甲骨文：甘泉雨长知鱼乐，小圃风和见燕归。

北京大学

　　沈兼士（1887—1947），语言学家。曾任北京大学国文系教授、北大研究所国学门主任。后任故宫博物院文献馆馆长，主持整理内阁大库明清档案。在音韵学、训诂学和古籍研究等领域有精深造诣。代表作品有《广韵声系》《段砚斋杂文》《沈兼士学术论文集》等。

萧母郭太夫人九旬荣庆

物候潮阳暖莱衣共
舉觴萱庭延愛日梓
舍煥文光勁節徵仁
壽高標樹典常螽斯
欣衍慶嶺表頌聲揚

陳大齊敬祝

陈大齐

　　萧母郭太夫人九旬荣庆：物候潮阳暖，莱衣共举觞。萱庭延爱日，梓舍
焕文光。劲节征仁寿，高标树典常。螽斯欣衍庆，岭表颂声扬。

北京大学

　　陈大齐（1887—1983），哲学家、心理学家。曾任北京大学教授、代理校长等。中国近代心理学研究与教学的开创者之一。1917年在北大创建了中国第一个心理学实验室，1918年出版了中国第一本大学心理学教材《心理学大纲》。代表作品有《现代心理学》《应用逻辑学》《哲学概论》等。

插天絕壁噴晴月

擎海層巒吸翠霞

耶律楚材過陰山詩句為

旭生先生書

廿有一年十月三日懋古玄同 ⎰

钱玄同

插天绝壁喷晴月，擎海层峦吸翠霞。（耶律楚材《过阴山》诗句）

北京大学

　　钱玄同（1887—1939），语言学家。曾任北京大学等校教授。1918年任《新青年》编辑，积极参与新文化运动，提倡文字改革，创议并参与拟制国语罗马字拼音方案。在文字学、音韵学方面尤有精深造诣。代表作品有《说文部首今读》《音韵学》《中国文字略说》等。

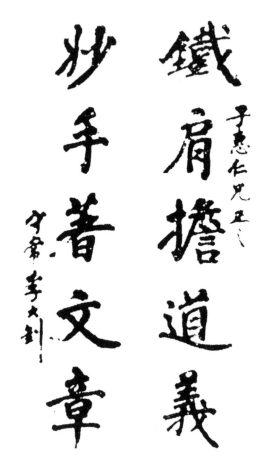

子惠仁兄正之

守常 李大钊

李大钊

铁肩担道义，妙手著文章。

◎明人杨继盛曾撰"铁肩担道义，辣手著文章"对联，李大钊颇爱此联，将其作为座右铭。他改"辣"字为"妙"字，写成"铁肩担道义，妙手著文章"对联，赠予夫人赵纫兰的二姐夫杨子惠。

北京大学

李大钊（1889—1927），革命家、学者。1918年起任北京大学图书馆主任，史学、政治学等系教授。中国最早的马克思主义者。中国共产主义运动的先驱和中国共产党的主要创始人之一。中国共产党早期活动的重要领导者。1927年4月28日在北京英勇就义。论著编为《守常文集》《李大钊文集》等。

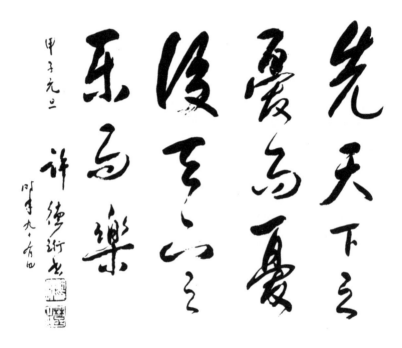

许德珩

先天下之忧而忧，后天下之乐而乐。

◎据许德珩女儿、邓稼先夫人许鹿希回忆，邓稼先在中子弹研制任务结束后回到北京，在家中看到这幅字，翁婿二人会心一笑。

北京大学

　　许德珩（1890—1990），社会活动家、社会学家。毕业于北京大学。五四运动学生领袖之一，起草了《北京学生界宣言》。历任北京大学等校教授，国民革命军总政治部代主任等。九三学社创始人之一。著有《社会学讲话》(上卷)，译有马克思的《哲学之贫乏》等。

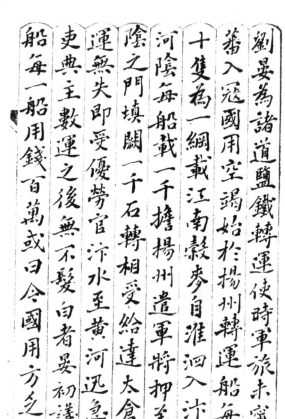

劉晏為諸道鹽鐵轉運使時軍旅未寧西
蕃入寇國用空竭始於揚州轉運船每以
十隻為一綱載江南穀麥自淮泗入汴抵
河陰每船載一千擔揚州遣軍將押至河
陰之門填闕一千石轉相受給達太倉十
運無失即受優勞官汴水至黃河迅急將
吏典主數運之後無不發白者晏初議造
船每一船用錢百萬或曰今國用方乏宜

唐鉞

　　刘晏为诸道盐铁转运使，时军旅未宁，西蕃入寇，国用空竭，始于扬州转运船，每以十只为一纲，载江南谷麦，自淮泗入汴，抵河阴，每船载一千担（石）。扬州遣军将押至河阴之门，填阙一千石，转相受给，达太仓，十运无失，即受（授）优劳官。汴水至黄河迅急，将吏典主，数运之后，无不发白者。晏初议造船，每一船用钱百万。或曰："今国用方乏，宜（减其费）……"（《唐语林》部分）

北京大学

　　唐钺（1891—1987），心理学家。曾任北京大学教授。中国近代心理学的创始人之一，在介绍西方心理学及开展中国心理学的教学与研究方面做出了重要贡献。著有《西方心理学史大纲》等，译有《心理学原理》等。

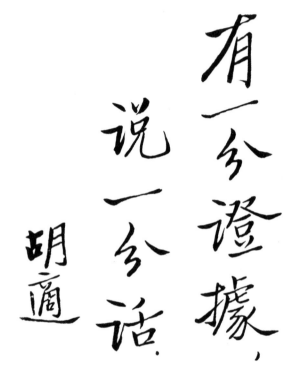

胡
适

有一分证据，说一分话。

◎此为胡适先生一贯的主张。1936年胡适致罗尔纲的一封信，信中说——

我近年教人，只有一句话："有几分证据，说几分话。"有一分证据只可说一分话。有三分证据，然后可说三分话。治史者可以作大胆的假设，然而决不可作无证据的概论也。

60

北京大学

胡适（1891—1962），学者、教育家。历任北京大学教授、研究所哲学门主任、英文系系主任、教务长、文学院院长、校长等。1917年在《新青年》上发表了新文学运动的第一篇文章《文学改良刍议》，是五四新文化运动的重要代表人物。在史学、哲学、文学等方面的研究多有建树。著作收入《胡适文存》《胡适文集》等。

昨夜松邊醉倒，問松我醉何如。只疑松動要來扶，以手推松曰：去！

恭三囑

胡適

胡
适

昨夜松边醉倒，问松我醉何如。只疑松动要来扶，以手推松曰：去！（书辛弃疾《西江月·遣兴》，赠邓广铭）

◎邓广铭在北大的毕业论文《陈龙川传》深得导师胡适的好评。邓选择宋史研究作为毕生的学术事业，并将主要精力用于撰写历史人物谱传，都与胡适的影响密不可分。

北京大学

李杜文章百世師今

朝來拜少陵祠 松篁

想像行吟處 雲物依稀

繫夢思 濯錦江頭春

寂寂 浣花溪畔日遲遲 漢

唐陵闕皆零落 唯有茅

齋似昔時　遊州堂俚句錄奉

紀念館信先生

　　　　劉文典

刘文典

李杜文章百世师，今朝来拜少陵祠。松篁想像行吟处，云物依稀系梦思。濯锦江头春寂寂，浣花溪畔日迟迟。汉唐陵阙皆零落，唯有茅斋似昔时。（自作诗，《游杜甫草堂诗录》）

北京大学

刘文典（1891—1958），语言文字学家。曾任北京大学教授。学识渊博，学贯中西，在校勘学、版本目录学、唐代文化史等方面有精深研究。代表作品有《庄子补正》《三余札记》等。

放鶴去尋三島客

任人來看四時花

農光先生雅正

顧颉刚

放鹤去寻三岛客，任人来看四时花。（杜荀鹤《题衡阳隐士山居》诗句）

66

北京大学

　　顾颉刚（1893—1980），历史学家。毕业于北京大学。曾任北京大学等校教授。是"古史辨"学派的创始人，编有《古史辨》。又考辨古代民族和历史地理，建立禹贡学会和民俗学会，创办《禹贡》半月刊。抗日战争时期，组建中国边疆学会，创办《边疆周刊》。论著编为《顾颉刚选集》《顾颉刚古史论文集》等。

孟夏草木長繞屋樹扶疏眾鳥
欣有託吾亦愛吾廬既耕亦
已種時還讀我書

少懷表章索寫陶詩

節錄以右即希正腕

一九七六年十二月

梁漱溟

梁漱溟

孟夏草木长，绕屋树扶疏。众鸟欣有托，吾亦爱吾庐。既耕亦已种，时还读我书。（陶渊明《读山海经》部分）

68

北京大学

梁漱溟（1893—1988），哲学家。曾任北京大学讲师。主讲印度哲学概论、儒家哲学等，并参与有关中西文化的论战，主张复兴中国儒学文化。中国民主同盟的创建人之一。代表作品有《东西文化及其哲学》《印度哲学概论》等。

◎给乐天宇的信札

北京大学

　　天宇同志：春耕紧张，倍念贤劳。播种完了，希来校小住，藉资休息。黄松龄同志前天到校，今天往冶陶参加财经会议，会后可来北大任职，可喜之至。教厅来信附上，阅后有便，请将原信带来。我们对边区农场关系，照来信做去也很好。因为原意（一）为便利我方试验，（二）为帮助对方较有力，我们仍本此精神帮助他们，不拘形式，倒可以自由些。请转告郭仪亭同志，他的来信，态度甚好，钦佩钦佩。此间一有方便，即去查询他的家庭情形，有所知，即奉告。敬礼！　　范文澜

　　范文澜（1893—1969），历史学家，学部委员。毕业于北京大学，曾任北京大学讲师、中国科学院近代史研究所所长等。主要研究中国古代史、中国经学史、中国近代史。长期致力于运用马克思主义理论来研究中国历史，是中国马克思主义史学的开创者之一。代表作品有《中国通史简编》《中国近代史》（上册）、《范文澜历史论文选集》等。

平伯兄赐鉴：大札前日收读。印章兴署名比，嫌其
大，今剪而贴之，恐不甚好看。水仙已开，闻之欣慰。书案
头亦供一盆，花亦单瓣。虽不盛，面对此花，家庭情
也。承示道情一曲，讽诵数过，深觉有味。又复念及伯
篇。当时同花间直任教员，一室五榻，晨夕相亲。伯篇能
以扬州谣音唱板桥渔樵耕读四首道情，兴到时往往
唱之，其声亦调至今犹能想象。其事距今将六十年
而伯篇逝世且逾周岁矣。天气已转暖，但闻车辆驶
事无涉挤上，访候之愿尚不克践，怅。毋复，敬请
大安。

　　　　韦圣陶上 二月廿日上午

叶圣陶

◎这封书信写于 20 世纪 70 年代。当时，俞平伯、叶圣陶常有书信来往，
讨论文学、养花、金石篆刻等内容。

北大名家墨迹手账

北京大学

　　平伯兄赐鉴：大札前日收读。印章与署名比，嫌其大，今剪而贴之，恐不甚好看。水仙已开，闻之欣慰。弟案头亦供一盆，花亦单瓣。虽不晤面，同对此花，亦慰情也。承示道情一曲，讽诵数过，深觉有味，又复念及伯翁。当时同在甪直任教员，一室五榻，晨夕相亲。伯翁能以扬州语音唱板桥渔樵耕读四首道情，兴到时往往唱之，其声调至今犹能想象。其事距今将六十年，而伯翁逝世且逾周岁矣。天气已转暖，但闻车辆几乎无法挤上，访候之愿尚不克践，怅怅。勿复，敬请大安。　　弟圣陶上　二月九日上午

　　叶圣陶（1894—1988），教育家、作家、社会活动家。曾任北京大学讲师、商务印书馆编辑等。毕生从事语文教学、教材编写、教育研究和文学创作工作。主编或编辑《小说月报》《开明国语课本》等数十种刊物。中华人民共和国成立后，历任教育部副部长、中央文史研究馆馆长、人民教育出版社社长等。代表作品有《倪焕之》《阅读与写作》等。

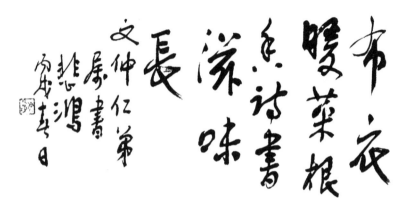

徐悲鸿

布衣暖，菜根香，诗书滋味长。

北京大学

　　徐悲鸿（1895—1953），画家、教育家。曾任北京大学画法研究会导师、中央美术学院院长、中华全国美术工作者协会主席等。擅长油画、素描、国画，尤以画马驰誉中外。代表作有油画《箫声》《田横五百士》，国画《奔马图》《愚公移山》等。

桃源在何許西峰最深

屢不用問漁人沿溪

踏花去　陽明先生山中示諸生

程子教人聖人千言萬語只是欲

人將已放之心約之使反復入心來

自能尋向上去下學而上達陽明

此詩同其意趣　錢穆

钱穆

桃源在何许，西峰最深处。不用问渔人，沿溪踏花去。（王阳明《山中示诸生》）

◎钱穆自注：程子教人，圣人千言万语，只是欲人将已放之心约之，使反复入心（身）来，自能寻向上去，下学而上达。阳明此诗同其意趣。

76

北京大学

钱穆（1895—1990），历史学家。曾任北京大学、西南联合大学教授等。对中国历史、哲学、文化均有深湛的研究。著述颇丰，主要有《先秦诸子系年》《中国近三百年学术史》《国史大纲》等。

闲尽沧桑仍郁葱，汉朝柏树六朝松。千年留得青春在，长为游人送好风。泰山有汉

柏六朝松 一九六四年游此为诗记之

冯友兰

阅尽沧桑仍郁葱，汉朝柏树六朝松。千年留得青春在，长为游人送好风。

◎ 1964 年 6 月，冯友兰游泰山，有感于泰山的"汉柏六朝松"，作诗以记之。

北京大学

冯友兰（1895—1990），哲学家，学部委员。毕业于北京大学。曾任清华大学、西南联合大学、北京大学教授。20世纪三四十年代，把程朱理学与西方新实在论相结合，完成了《新理学》《新事论》《新原道》等"贞元六书"，创建了"新理学"的哲学体系。论著编为《三松堂全集》。

高山流水诗千首，明月清风酒一船。

◎这副对联意境潇洒、超脱，冯友兰的女儿、著名作家宗璞颇为喜欢，冯友兰为其书写。冯友兰书写此联时已是八十四岁高龄，写的字有一点斜，宗璞戏称之为"斜联"。

北京大学

傅
斯
年

归骨于田横之岛。

◎ 1949年1月，傅斯年就任台湾大学校长。台大教授黄得时请他题词，他信笔写下"归骨于田横之岛"的短幅相赠。

北京大学

　　傅斯年（1896—1950），学者、教育家。毕业于北京大学，曾任北京大学教授、文科研究所所长、代理校长，中央研究院历史语言研究所所长，台湾大学校长等。1918年参与组织"新潮社"，创办《新潮》月刊。五四运动爆发时，担任游行总指挥。在人才培养和学术研究的组织方面有显著成绩。论著编为《傅斯年全集》。

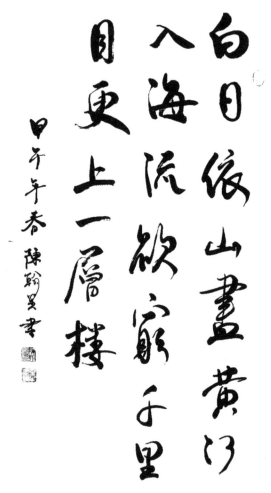

白日依山尽黄河

入海流欲穷千里

目更上一层楼

甲午春　陈翰笙书

陈翰笙

　　白日依山尽，黄河入海流。欲穷千里目，更上一层楼。（王之涣《登鹳雀楼》）

北京大学

　　陈翰笙（1897—2004），经济学家、社会学家、历史学家、社会活动家、学部委员。曾任北京大学教授、中国社会科学院世界历史研究所所长等。研究领域广泛，尤其在世界经济史、印度史和中国农村经济等方面有精深研究。代表作品有《美国垄断资本》《印度莫卧儿王朝》等。

赵迤抟

世事短如春梦，人情薄似秋云。不须计较苦劳心，万事元来有命。　幸遇三杯酒美，况逢一朵花新。片时欢笑且相亲，明日阴晴未定。（朱敦儒《西江月》）

北京大学

赵迺抟（1897—1986），经济学家。毕业于北京大学。曾任北京大学教授。对欧美经济思想史和中国经济思想史有精深研究。代表作品有《欧美经济学史》《欧美经济思想史》《披沙录》等。

四十年来画竹枝，日间挥写夜间思。冗繁削尽留清瘦，画到生时是熟时。录郑板桥诗

曹靖华 八五年春于北京

曹靖华

四十年来画竹枝，日间挥写夜间思。冗繁削尽留清瘦，画到生时是熟时。（郑板桥诗）

◎曹靖华平生很喜欢郑板桥，并以此诗自励。他的第一部散文集《花》，封面上的"花"字是从夏衍收藏的郑板桥的墨迹中提取出来的。

北京大学

曹靖华（1897—1987），翻译家、散文家。1922 年在北京大学旁听课程。曾任北京大学教授，主持创建北大俄罗斯语言文学系，任系主任。在翻译及介绍俄国和苏联文学作品方面做出卓越贡献，并擅长散文创作。译有《铁流》《保卫察里津》等，散文有《花》《春城飞花》等，主编有《俄国文学史》。

半亩方塘一鉴开 天光
云影共徘徊 问渠那得
清如许 为有源头活水
来 光晞同志雅教 七论一首
莹嫒同志雅教
一九八二年春节 朱光潜

朱光潜

半亩方塘一鉴开，天光云影共徘徊。问渠那得清如许，为有源头活水来。（朱熹《观书有感》）

◎朱光潜一生钟爱朱熹此诗。他认为："这诗所写是一种修养的胜境。美感教育给我们的就是'源头活水'。"

北京大学

朱光潜（1897—1986），美学家、文艺理论家。曾任北京大学教授、西语系系主任、文学院代理院长等。长期从事美学和文艺理论的教学和研究工作，在中国美学教学和研究领域做出了开拓性的贡献。著有《西方美学史》《美学拾穗集》等，译有《美学》《新科学》等。

宗白华

风骨

◎宗白华对中国美学中的"风骨"意蕴有过精妙的论述。他认为,"骨力、骨气、骨法"是中国美学中极为重要的范畴。他曾言:"笔有笔力。……这种力量是艺术家内心的表现,但并非剑拔弩张,而是既有力,又秀气。这就叫做'骨'。"

北京大学

宗白华（1897—1986），哲学家、美学家、诗人。曾任北京大学教授。中国现代美学研究的先行者和开拓者之一。代表作品有《美学与意境》《美学散步》《歌德研究》等。

肯为徐郎书纸尾，不作太白梦日边。

朱自清

肯为徐郎书纸尾，不作太白梦日边。

北京大学

朱自清（1898—1948），文学家。毕业于北京大学。曾任清华大学、西南联合大学等校教授。曾加入文学研究会等，在新诗、散文的创作和文艺评论方面有较大影响。代表作品有《背影》《春》《诗言志辨》等。

大雪压青松，青松挺且直。要知松高洁，待到雪化时。（陈毅《青松》）

北京大学

　　杨晦（1899—1983），作家、文艺理论家。毕业于北京大学。曾任北京大学教授、中文系系主任等。早年参与发起组织文学社团"沉钟社"，创办文学刊物《沉钟》。著有《楚灵王》《文艺与社会》《杨晦文学论集》等，译有《贝多芬传》《当代英雄》等。

有瓊同學囑書

劍外忽傳收薊北初聞涕淚滿衣

裳卻看妻子愁何在漫卷詩書

喜欲狂白日放歌須縱酒青春

作伴好還鄉即從巴峽穿巫峽

便下襄陽向洛陽

三十三年十一月五日恬厂羅常培

罗常培

剑外忽传收蓟北，初闻涕泪满衣裳。却看妻子愁何在，漫卷诗书喜欲狂。白日放歌须纵酒，青春作伴好还乡。即从巴峡穿巫峡，便下襄阳向洛阳。（杜甫《闻官军收河南河北》）

北京大学

罗常培（1899—1958），语言学家，学部委员。毕业于北京大学。曾任北京大学教授、中国科学院语言研究所研究员等。长期从事语言学教学和研究，在汉语音韵、古代汉语和汉语方言等领域都有精深研究，为中国少数民族语言的调查和研究做了很多开创性的工作。代表作品有《汉语音韵学导论》《罗常培语言学论文选集》等。

挽闻一多兄

仁则杀身义全授命碧血染绛帷比重泰山无限恨

诗成死水经补离骚青史传红烛昼吞云梦有余才

注「死水」「红烛」为闻君诗集名

黄子卿

挽闻一多兄：仁则杀身，义全授命，碧血染绛帷，比重泰山无限恨；诗成死水，经补离骚，青史传红烛，昼吞云梦有余才。

100

北京大学

　　黄子卿（1900—1982），化学家，学部委员（院士）。曾任清华大学、北京大学等校教授。中国物理化学的奠基人之一。在热力学、量子化学、电化学、溶液理论、生物化学等研究领域均有精深研究。早年对热力学绝对温标进行研究，获得了水的三相点温度的精确值，该值被定为国际温标。代表作品有《物理化学》《电解质溶液理论导论》《非电解质溶液理论导论》等。

醉吟詩句固清新老嫗能知
六未真豈為風波生宦海遂
漾衰病乞閑身卅年京雒花
枝舊兩郡藕杭竹馬親多少
龍門山下屐欲澆杯酒慰陳
人初冬宏卧偶讀白集
古槐居士平伯書於京華

俞平伯

醉吟诗句固清新，老妪能知亦未真。岂为风波生宦海，遂缘衰病乞闲身。
卅年京雒花枝旧，两郡苏杭竹马亲。多少龙门山下屐，欲浇杯酒慰陈人。

北京大学

　　俞平伯（1900—1990），作家、学者。毕业于北京大学。曾任北京大学等校教授、中国社会科学院文学研究所研究员等。新文学运动初期的重要诗人，"新潮社""语丝社"的重要成员。致力于中国古典文学，特别是《红楼梦》的研究，是"新红学派"的代表人物之一。代表作品有《红楼梦研究》《冬夜》《西还》《燕知草》等。

搬煤運甓共雙肩，
我已白頭君壯年。
我自負輕君負重，
每懷高誼輒欣然。
紀事詩一首錄呈
賦寧同志　王力

一九八五年三月二日

王力

搬煤运甓共双肩，我已白头君壮年。我自负轻君负重，每怀高谊辄欣
然。（纪事诗一首录赠李赋宁）

北京大学

　　王力（1900—1986），语言学家，学部委员。曾任北京大学中文系教授等。对汉语语音、语法、词汇的历史和现状均有精深研究，在创建汉语语法体系，研究汉语语法理论、汉语音韵和汉语发展史，建立古代汉语教学体系等方面，都做出了重要贡献。论著编为《王力文集》。

百年树人，
教育为本。

陈岱孙

一九五年六月十六日

陈岱孙

百年树人，教育为本。

106

北京大学

　　陈岱孙（1900—1997），经济学家、教育家。曾任清华大学、北京大学教授，北大经济学系系主任等。在马克思主义政治经济学、古典政治经济学、庸俗政治经济学和西方经济学说史等方面均有精深研究。代表作品有《从古典经济学派到马克思》等。

書魯迅句孺字需旁來自碧落碑

與商金象形文正合初唐人多見古

文奇字當有所本

橫眉冷對千夫指

俯首甘為孺子牛

一九六五年唐蘭

唐
兰

横眉冷对千夫指，俯首甘为孺子牛。

◎篆书书鲁迅句。唐兰自注："孺"字"需"旁采自碧落碑，与商金象形文正合。初唐人多见古文奇字，当有所本。

108

北京大学

唐兰（1901—1979），文字学家、金石学家、历史学家。曾任北京大学教授。对文字、音韵、诗词、绘画、书法篆刻、古代历史和青铜器的起源发展及铭文有深入的研究，造诣颇高。建立了一套完整而系统的研究古文字的方法。代表作品有《殷墟文字记》《中国文字学》等。

板橋谿上入垂楊殘雨霑衣草路長密菊叢叢
為圍地疎籬曲曲讀書堂羣安脆弱凋寒野獨
蓄芳菲發夜霜節概挺然當歲暮人間何必貴
松篁

晓園先生耆輩郵紙命之謹錄陋軒詩 建功

魏
建
功

板桥溪上入垂杨，残雨沾衣草路长。密菊丛丛为围地，疏篱曲曲读书堂。
群安脆弱凋寒野，独蓄芳菲发夜霜。节概挺然当岁暮，人间何必贵松篁。

北京大学

魏建功（1901—1980），语言学家，学部委员。毕业于北京大学。曾任北京大学教授、中文系系主任、副校长等。毕生从事汉语语言文字的教学和研究工作，尤长于音韵学与音韵史的研究。参与主持编纂的《新华字典》，使用范围极广，影响深远。代表作品有《古音系研究》等。

此望家山归又得忍
看衣袖满征尘将
军诱敌频抛甲
仕贵称降俱爱
民幸有新都何
亦相亲此中自
有真消息莫说
兴亡浪费神

一九三七年有自北京图
塔中间阅至长沙有
话写怀老舍时内青
岛走试昌巳和四十
二年後六十本代第一
个元旦日缘车
絮青妹

魏建功

魏建功

北望家山归不得，忍看衣袖满征尘。将军诱敌频抛甲，仕贵称降俱爱民。幸有新都何碍远，纵非兴国亦相亲。此中自有真消息，莫说兴亡浪费神。

◎此为老舍1937年酬和魏建功之作。1980年，魏建功录老舍此旧作赠予老舍夫人胡絜青。

112

北京大学

自然科学与社会科学的汇融交叉是当代科学发展的必然趋势

周培源

周培源

自然科学与社会科学的汇融交叉是当代科学发展的必然趋势。

北京大学

　　周培源（1902—1993），物理学家，学部委员。曾任北京大学教授、校长，中国物理学会理事长，中国科协主席等。主要从事相对论和流体力学的教学与研究工作，在引力论和湍流理论的研究中有开创性贡献。在其影响下，在国际上形成了"湍流模式理论"流派。代表作品有《理论力学》《周培源科学论文集》等。

好雨知時節當春乃
潛生隨風潛入夜潤
物細无聲

賀麟

贺
麟

好雨知时节，当春乃发生。随风潜入夜，润物细无声。（杜甫《春夜喜雨》诗句）

北京大学

　　贺麟（1902—1992），哲学家、翻译家。曾任北京大学教授、哲学系代理系主任等。黑格尔哲学研究专家，同时为中国哲学与西方哲学的融合创新做出了突出贡献。著有《近代唯心论简释》《文化与人生》《当代中国哲学》等，译有黑格尔的《小逻辑》《精神现象学》，斯宾诺莎的《心理学》等。

風撼松，沙漫空，身在陣陣風
沙中，未迷前進程。
頭已童，耳已聾，知不足時能
知足，目潔又心澄。

　　俚詞呈

斌寧同志　雅正

江澤涵
一九八五年
三月十七日

江泽涵

　　风撼松，沙漫空，身在阵阵风沙中，未迷前进程。　　头已童，耳已聋，知不足时能知足，目洁又心澄。（俚词，赠李赋宁）

118

北京大学

　　江泽涵（1902—1994），数学家，学部委员（院士）。曾任北京大学教授、数学系系主任，中国数学会名誉理事长等。主要从事莫尔斯临界点理论、不动点理论等领域的教学与研究。代表作品有《拓扑学引论》《不动点类理论》等。

（书法作品，草书）

台静农

一说乾坤事，无愁鬓亦斑。心飞空阔外，身堕乱离间。日落经何国，云归识故山。凭谁叩玄冥，天道几时还。

◎此诗是台静农为应和张大千黄山风景画作而书。台静农与张大千友谊深厚。台静农擅书法，钟爱明末书法家倪元璐的作品。张大千慷慨将其收藏的几幅倪元璐的真迹赠予台静农，台静农"为之心折"，临写不辍。张大千曾评价台静农的书法："三百年来，能得倪书神髓者，静农一人也。"

北京大学

台静农（1902—1990），作家、文学评论家、书法家。北京大学研究所国学门肄业。1925 年，鲁迅发起创建未名社，台静农为骨干之一。代表作品有《地之子》《龙坡杂文》《台静农散文集》等。

草阁柴扉星散居，浪翻江黑雨飞初。山禽引子时相近，溪女得钱换白鱼。

沈从文

草阁柴扉星散居，浪翻江黑雨飞初。山禽引子时相近，溪女得钱换白鱼。（杜甫《解闷》，原诗第三句为"山禽引子哺红果"，第四句"换白鱼"通常作"留白鱼"。）

◎沈从文不仅是作家、历史文物学家，也长于书法，以一手高古、简约的章草独步书坛。黄苗子评价沈从文书法"一扫常规而纯任天然"。

122

北京大学

沈从文（1902—1988），作家、历史文物学家。1922年到北京大学旁听课程。曾任北京大学教授。后在中国历史博物馆等单位从事历史文物、古代服饰的研究。代表作品有《边城》《中国古代服饰研究》等。

玉笙吹老碧桃花，石鼎烹来紫笋芽，山斋看了黄筌画。荼蘼香满把，自然不尚奢华。醉李白名千载，富陶朱能几家，贫不了诗酒生涯。（张可久《水仙子》）

梁实秋

北京大学

梁实秋（1903—1987），文学家、学者。曾任北京大学教授、外国文学系系主任等。以散文小品和文学评论名世，是"新月派"的代表人物。后任台湾大学教授等。代表作品有《文学的纪律》《浪漫的与古典的》《文艺批评论》等。

秦山忽破碎泾渭不可求俯视但一气焉能辨皇州

少陵诗句

闻家驷

一九九〇年十二月

闻家驷

秦山忽破碎，泾渭不可求。俯视但一气，焉能辨皇州。（杜甫《同诸公登慈恩寺塔》诗句）

126

北京大学

闻家驷（1905—1997），法国文学专家、翻译家。曾任北京大学教授。参与编写《欧洲文学史》，译有《雨果诗选》《雨果诗抄》《红与黑》等。

百年树人

桃李芬芳

雷洁琼
一九九二年九月

雷洁琼

百年树人，桃李芬芳。

北京大学

　　雷洁琼（1905—2011），社会学家，社会活动家。曾任燕京大学、北京大学教授等。1945年年底，在上海参与创建了中国民主促进会。侧重于应用社会学的研究，对中国的婚姻、家庭等问题有深入的研究。代表作品有《中国社会保障体系的建构》《老年社会生活与心理变化》等。

往岁淮边虏未归　诸生合疏论危机　人材衰靡方当虑　士气峥嵘未可非　万事不如公论久　诸贤莫与众心违　还朝此段应先及　岂独遗经赖发挥

陆游　送芮国器司业诗

冯至敬录　一九九〇年十二月

冯至

往岁淮边虏未归，诸生合疏论危机。人材衰靡方当虑，士气峥嵘未可非。万事不如公论久，诸贤莫与众心违。还朝此段应先及，岂独遗经赖发挥。（陆游《送芮国器司业》）

◎冯至曾在《书与读书》一文中提到他最钦佩陆游《送芮国器司业》一诗。他认为，陆游的"这种政见，忧国忧民的杜甫不曾有过，辅佐魏玛公爵的歌德也不曾有过"。

130

北京大学

　　冯至（1905—1993），诗人、文学评论家，学部委员。毕业于北京大学。曾任北京大学教授、中国作协副主席等。早年从事诗歌创作，后主要研究德语文学和中国古典文学。是中国比较文学研究的开拓者之一。诗集有《昨日之歌》《十四行集》等，论著有《论歌德》《德国文学简史》《杜甫传》等。

九州生氣恃風雷
萬馬齊瘖究可哀
我勸天公重抖擻
不拘一格降人材

右錄龔定庵雜詩一首

鄧廣銘　一九九○年九月廿二日

邓广铭

九州生气恃风雷，万马齐喑究可哀。我劝天公重抖擞，不拘一格降人材（才）。（龚自珍《己亥杂诗》）

132

北京大学

邓广铭（1907—1998），历史学家。毕业于北京大学，曾任北京大学教授、历史系系主任等。毕生从事中国古代史的教学和研究工作，对宋史的研究尤有高深造诣。代表作品有《宋史职官志考正》《稼轩词编年笺注》《王安石》《岳飞传》等。

竟解百年恨，蹭蹬望庆云。燃藜嗔笔俭，忝座嗟书贫。日月不相假，经纬幸可寻。老柏有新绿，桑榆同此春。（自作诗，《八十述怀》）

◎袁行霈在《八挽录》中提及，1988年4月，吴组缃八十寿辰，学生在北大临湖轩为其举办小型祝寿会。吴组缃在会上读了自己的两首诗，这是第一首。

吴组缃

134

北京大学

吴组缃（1908—1994），作家。曾任北京大学教授。1929年考入清华大学，1933年毕业后复入清华大学研究院深造。清华园时期，创作出《一千八百担》《天下太平》《樊家铺》等享誉文坛的小说。曾任冯玉祥的国文教师兼秘书十余年。代表作品有《鸭咀涝》（后改名为《山洪》）、《西柳集》《饭余集》等。

知足不辱 知止
不殆

老聃遗训
张青莲书

张青莲

知足不辱，知止不殆。

◎语出自《老子》，此作品为应知名画家张兴根之邀所书。

136

北京大学

　　张青莲（1908—2006），化学家，学部委员（院士）。曾任北京大学教授。中国稳定同位素学科的奠基人。主要致力于无机化学的教学与研究工作，在同位素化学领域造诣尤深，其成果对重水和锂同位素的研发生产起过重要作用。论著编为《张青莲文集》。

结庐在人境而无車马喧

问君何能尔 心远地自偏

採菊东篱下 悠然见南山

山气日夕佳 飞鸟相与还

此中有真意 欲辩已忘言

陶渊明诗

张岱年

一九九五年夏

张岱年

　　结庐在人境，而无车马喧。问君何能尔？心远地自偏。采菊东篱下，悠然见南山。山气日夕佳，飞鸟相与还。此中有真意，欲辩已忘言。（陶渊明《饮酒》）

北京大学

张岱年（1909—2004），哲学家、哲学史家。曾任北京大学教授。致力于中国哲学史的研究。代表作品有《中国哲学大纲》《天人五论》《中国哲学史史料学》《中国哲学史方法论发凡》《中国古典哲学概念范畴要论》等。

巴陵多限酒

醉殺洞庭秋

以大出版社為

林庚一九〇〇年十一月

林庚

巴陵无限酒，醉杀洞庭秋。（李白《陪侍郎叔游洞庭醉后》其三）

140

北京大学

　　林庚（1910—2006），诗人、文学史家。曾任北京大学教授、中文系古典文学教研室主任。致力于中国文学史的研究，尤其在楚辞和唐诗的研究上颇有建树。他对唐诗作出的"盛唐气象""少年精神"等经典概括，被学界广为接受。代表作品有《中国文学简史》等。

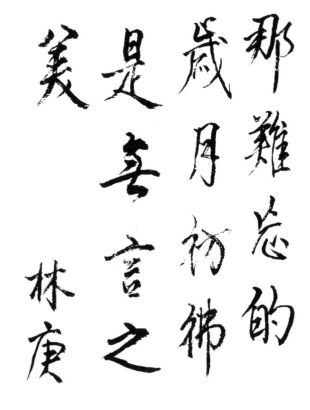

林庚

那难忘的岁月，仿佛是无言之美。

◎此为林庚先生为北大中文系 1955 级同学毕业 30 周年所题的诗句。该级同学为纪念入学 45 周年和毕业 40 周年而写的散文随笔集《难忘的岁月》，便得名于林庚先生此诗句。

北京大学

愧报对旧作
无心计短长
路遥试马力
坎坷出文章
毁誉在人口
浮沉志自扬
涓滴乡土水
汇成大海洋
五十年华逝
老来羡夕阳
阖卷寻旧梦
江村蚕事忙

江村经济中文版
发行日自题

费孝通
一九八六年十月

费孝通

愧报对旧作，无心计短长。路遥试马力，坎坷出文章。毁誉在人口，浮沉志自扬。涓滴乡土水，汇成大海洋。五十年华逝，老来羡夕阳。阖卷寻旧梦，江村蚕事忙。

◎《江村经济》是 20 世纪 30 年代费孝通在英国伦敦大学学习时用英文撰写的博士论文，被认为是我国社会人类学实地调查研究的一个里程碑。此诗为费孝通于《江村经济》中文版发行之日所作。

北京大学

费孝通（1910—2005），社会学家、人类学家。毕业于燕京大学。曾任北京大学教授、北大社会学研究所（今改为北大社会学人类学研究所）所长。是中国社会学和人类学的奠基人之一。代表作品有《乡土中国》《江村经济》《生育制度》等。

一年之计莫如树穀

十年之计莫如树木

百年之计莫如树人

祝贺

北京大学建校一百周年

季羡林

一九九六年一月廿七日

季羡林

一年之计，莫如树谷。十年之计，莫如树木。百年之计，莫如树人。
（祝贺北京大学建校一百周年）

146

北京大学

季羡林（1911—2009），语言学家、作家，学部委员。曾任北京大学教授、东语系系主任、副校长等。致力于中古印度语言学、佛教史、印度史和东方文化史等多领域的研究。著有《中印文化关系史论丛》《罗摩衍那初探》《原始佛教的语言问题》等，译有《沙恭达罗》《罗摩衍那》等。

境遇休怨我不如人，学问休言我胜于人

学问休言我胜于人 胜于我者还多

清人李惺箴言赠

程道德先生

季羡林

一九九四年

春节日

季羡林

境遇休怨我不如人，不如我者尚众；学问休言我胜于人，胜于我者还多。（录清人李惺箴言赠程道德）

北京大学

微雨知春一夜归，满城桃李渐芳菲。相思南国生红豆，独出西山看翠微。野寺荫新栖鸟乐，沧河水暖跃鱼肥。三年尘拂东风里，且试郊游白袷衣。（友人旧作）

微雨知春一夜归，满城桃李渐芳菲。相思南国生红豆，独出西山看翠微。野寺荫新栖鸟乐，沧河水暖跃鱼肥。三年尘拂东风里，且试郊游白袷衣。（友人旧作）

◎邢其毅父亲邢端是清末翰林，工书法，颇有名气。邢其毅自幼读私塾，在文学和史学方面都有较深的功底；后从事化学研究，成绩卓越。

北京大学

邢其毅（1911—2002），有机化学家，学部委员（院士）。曾任北京大学教授等。研究涉及有机化学的各个领域，均取得开创性的成果。曾参与领导人工全合成牛胰岛素的工作。代表作品有《有机化学》《基础有机化学》等。

老牛自知黄昏晚

不待扬鞭自奋蹄

世纪之交展望前程书以自勉

侯仁之

侯仁之

老牛自知黄昏晚，不待扬鞭自奋蹄。

◎侯仁之先生勤奋一生，从不懈怠。他的书桌前摆放着一座瓷制老牛，用以时时自勉；此二句也成为侯仁之晚年的座右铭。

北京大学

　　侯仁之（1911—2013），历史地理学家，学部委员（院士）。曾任燕京大学、北京大学教授，北京大学副教务长、地质地理系系主任、地理系系主任等。在中国历史地理学的研究领域独树一帜，开创了"城市历史地理"和"沙漠历史地理"研究的新领域，系统揭示了几个类型的城市发展的规律特点及其地理条件，为有关城市的规划做出了贡献。代表作品有《历史地理学的理论与实践》《北京历史地图集》（一、二集）等。

在学习的领域里不要划地为牢来限制自己，当然更不要固步自封。在生活的道路上，不要把自己局限于一个小天地里，更不能作茧自缚。

写给"中学生"，并以自勉。

侯仁之

一九九零年十二月六日

侯仁之

　　在学习的领域里不要划地为牢来限制自己，当然更不要固步自封。在生活的道路上，不要把自己局限于一个小天地里，更不能作茧自缚。（写给《中学生》，并以自勉。）

154

北京大学

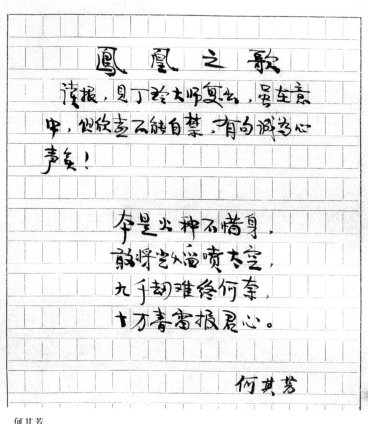

何其芳

凤凰之歌

读报，见丁玲大师复出，虽在意中，但欣喜不能自禁，有句诚为心声矣！

本是火种不惜身，敢将光焰喷太空。九千劫难终何奈，十万春雷报君心。

156

北京大学

何其芳（1912—1977），诗人、文学评论家，学部委员。毕业于北京大学，曾任中国科学院文学研究所研究员、所长等。早年主要从事诗歌、散文创作，后主要从事文学理论批评。代表作品有《预言》《画梦录》《何其芳文集》等。

金克木

沙滩百尺红楼起，闻说当年意气豪。几度沧桑余韵在，联绵不绝是新潮。

沙滩倏化未名湖，代有新人德不孤。纵目百年成一语，书生大业出河图。（自作诗，《沙滩二首》）

北京大学

　　金克木（1912—2000），梵语文学家、语言学家、翻译家。曾任北京大学东语系教授、南亚东南亚研究所教授等。长期从事印度文学、哲学、文化的研究和教学，后又从事中外文化比较研究。代表作品有《梵语文学史》《印度古诗选》《孔乙己外传》等。

學然後知不足

教然後知困

一九九二年八月寫奉

正華同志 指正

周一良八十 時近

周一良

学然后知不足，教然后知困。

北京大学

　　周一良（1913—2001），历史学家。曾任北京大学教授、历史系系主任等。学贯中西，主要研究领域为魏晋南北朝史、日本史、亚洲史。此外，在敦煌学、佛学、中外关系史方面也有较深的研究。代表作品有《亚洲各国古代史》（上册）、《中日文化关系史论》《魏晋南北朝史论集》《魏晋南北朝史札记》等。

上山割草 左平谷魚子山作

捷足量山远登临狭谷深　路微石倒立风疾草翻纹　村树千重浪秋原一望平　幽燕多塞障目下即长城

平原同志伉俪　雅正　季镇淮子韦

季镇淮

捷足量山远，登临狭谷深。路微石倒立，风疾草翻纹。村树千重浪，秋原一望平。幽燕多塞障，目下即长城。（自作诗，《上山割草》，赠陈平原、夏晓虹夫妇）

◎季镇淮先生是夏晓虹硕士期间的导师，也是陈平原博士期间导师王瑶先生的同门。据陈平原回忆，夫妇二人留有季镇淮的一封书札，两页密密麻麻的蝇头小楷没有任何涂抹的痕迹，很可能并非一挥而就。连给弟子写信都"起草"，足见季镇淮为文严谨的风格。

北京大学

季镇淮（1913—1997），中国古典文学研究专家。曾任北京大学教授。代表作品有《闻朱年谱》《司马迁》《中国文学史》等。

海纳百川
有容乃大
壁立千仞
无欲则刚
王铁崖
一九九二年

王铁崖

海纳百川，有容乃大。壁立千仞，无欲则刚。

北京大学

王铁崖（1913—2003），国际法学家。曾任北京大学教授、北大国际法研究所所长等。主要从事国际法与国际关系的教学和研究工作。代表作品有《新约研究》《战争与条约》《中外旧约章汇编》《国际法》等。

望崦嵫而
勿迫
恐鹈鴃之
先鸣

录鲁迅先生集离骚句

以应

中岛长文
中岛碧 伉俪之属

王瑶

一九八〇年
十月十二日

王　瑶

望崦嵫而勿迫，恐鹈鴃之先鸣。

◎鲁迅集《离骚》句成此对联。"崦嵫"，神话中山名，为太阳落山的地方，"鹈鴃"是在暮春时节啼叫的鸟。二句都有劝勉惜时之意。

166

北京大学

　　王瑶（1914—1989），文学史家。曾任北京大学教授。中国中古文学研究的开拓者、现代文学研究的奠基人之一。代表作品有《中古文学史论》《中国新文学史稿》等。

自己培养指导过的青年同志，作出超过自己的科研成就，应引为自己最大的快乐。

段学复

一九九二、八、廿七

自己培养指导过的青年同志，作出超过自己的科研成就，应引为自己最大的快乐。

段学复

168

北京大学

段学复（1914—2005），数学家，学部委员（院士）。曾任北京大学教授、数学（力学）系系主任等。主要致力于群论方面的研究。在有限群的模表示理论，特别是指标块及其在有限单群和有限复线性群的构造研究中取得重要成果。在代数李群研究方面与国外学者合作完成了奠基性的工作。论著编为《段学复文集》。

花萼沉香迹已陈美人箫
管寂世间君王雅爱腰肢
舞空有风飘绿柳裙

一九八六年四月重進西安興慶宮

周祖谟

花萼沉香迹已陈，美人箫管寂无闻。君王雅爱腰肢舞，空有风飘绿柳裙。（重游西安兴庆宫作诗）

170

北京大学

周祖谟（1914—1995），语言学家。曾任北京大学教授。致力于中国语言文学的研究，尤长于音韵学、训诂学、古典目录学和校勘学。代表作品有《广韵校本》《方言校笺》等。

阴法鲁

　　遥想当年，戈壁彩霞，祁连积雪，曾映照丝路驿亭。远近驼铃阵阵，天马长鸣。万匹绸锦，结成绚丽虹桥，横贯西东。使节奔波，商旅跋涉，僧徒巡礼，学士吟咏。更有艺人来往，歌舞传深情。敦煌画廊，神笔渲染，栩栩如生。往事成陈迹，深印人心中。　　喜看今日艺坛盛举，文思驰骋，形象分明。乐声悠扬，霓裳缥缈，鲜花如雨，观者动容。回忆千年史篇，愿中外人民友谊日增。迢迢古道，春风弥漫，已获新生。（自作诗，《丝绸之路·观舞剧〈丝路花雨〉有感》）

　　◎《丝路花雨》是以丝绸之路和敦煌壁画为素材创作的大型民族舞剧，首演于1979年。曾先后于几十个国家和地区演出，享誉海内外。这首词为1980年阴法鲁观该舞剧时有感而作，赠予北大教授赵宝煦。

172

北京大学

阴法鲁（1915—2002），古典文献学家、音乐舞蹈史专家。曾任北京大学教授。代表作品有《唐宋大曲之来源及其组织》《宋姜白石创作歌曲研究》《从敦煌壁画论唐代的音乐和舞蹈》《关于词的起源问题》等。

科学的道路就是不平坦,
既无捷径
又无止径,
没有献身精神
那来科学成就.
铁是打出来的
钢是炼出来的.
只有肥皂泡是吹出来的.

冯新德
北京大学 钢春园
2000,3,10.

冯新德

　　科学的道路就是不平坦，既无捷径，又无止径，没有献身精神，那（哪）来科学成就。铁是打出来的，钢是炼出来的，只有肥皂泡是吹出来的。

北京大学

冯新德（1915—2005），高分子化学家，学部委员（院士）。在自由基聚合、共聚合、医用高分子材料、生物降解药物缓释放高分子、电荷转移光聚合等方面取得突出成就。代表作品有《高分子合成化学》（上册）、《高分子辞典》《高分子化学与物理专论》等。

重陽

點點樓前細雨，重重江

外平湖當年戲馬會

東徐今日淒涼南浦

莫恨黃花未吐且教紅

粉相扶酒醒不必看茱

萸俯仰人間古

杨
周
翰

点点楼前细雨，重重江外平湖。当年戏马会东徐，今日凄凉南浦。 莫恨黄花未吐，且教红粉相扶。酒阑不必看茱萸，俯仰人间今古。（苏轼《西江月·重阳》）

176

北京大学

　　杨周翰（1915—1989），西方文学专家、比较文学专家。曾任西南联大外文系讲师，清华大学、北京大学教授等。主要致力于外国文学和比较文学的研究。代表作品有《攻玉集》《十七世纪英国文学》《镜子和七巧板》等。

洞庭冬雨注新寒 北国冰凌忆去帆
凌忆去帆一代兵戎逝若梦
十年忧患沉如烟
翻觉故城小时顺始知乡
酿甜重上枫桥驰望处
云低路远似当年

胡宁一九九五冬

胡
宁

　　洞庭冬雨注新寒，北国冰凌忆去帆。一代兵戎逝若梦，十年忧患沉如烟。老来翻觉故城小，时顺始知乡酿甜。重上枫桥驰望处，云低路远似当年。（自作诗）

178

北京大学

胡宁（1916—1997），物理学家，学部委员（院士）。曾任北京大学教授等。主要从事理论物理、粒子物理、量子电动力学、湍流理论等方面的研究。20世纪60年代中期曾与朱洪元共同领导建立并发展了强子内部结构的层子模型理论，获得一系列开创性成果。代表作品有《电动力学》《场的量子理论》等。

有物先天地，无形本寂寥。能为万象主，不逐四时凋。

◎此为南朝梁代禅宗著名尊宿傅大士（傅翕，497—569）偈语，任继愈于1990年题字赠纳西族民族音乐家宣科。

北京大学

　　任继愈（1916—2009），哲学家、宗教学家、历史学家。师从汤用彤、贺麟，曾任北京大学教授、国家图书馆馆长等。致力于中国哲学史、中国佛学史、道教史、宗教学和中国文献学的研究。代表作品有《汉唐佛教思想论集》《中国哲学史》等。

学无止境 务求虚怀若谷

才有专诣允当不拘成规

为学量才之道各有所循 生平唯觉不拘一格为量才应

循之道以期各尽所能义

程民德 一九九二年

程民德

学无止境务求虚怀若谷，才有专诣允当不拘成规。

◎程民德进一步解释道：为学量才之道各有所循，生平唯觉不拘一格当为量才应循之道，以期各尽所能也。

182

北京大学

程民德（1917—1998），数学家，学部委员（院士）。曾任北京大学教授、北大数学研究所所长等。在基础数学研究方面取得了极高的成就，是中国多元调和分析的开拓者，在多元调和分析、多元三角逼近和信息处理等方面都取得了开创性的成果。代表作品有《图像识别导论》等。

我有两个座右铭：

1. Plain Living and High Thinking

    —— Wordsworth

    （朴素的生活和高尚的思想

    —— 华滋华斯）

2. The best that has been said and thought in the world

    —— Matthew Arnold

    （世界上最好的言论和思想

    —— 马修·阿诺德）

李赋宁

1996年3月8日

李赋宁

我有两个座右铭：1. Plain Living and High Thinking——Wordsworth（朴素的生活和高尚的思想—— 华滋［兹］华斯）2. The best that has been said and thought in the world——Matthew Arnold（世界上最好的言论和思想——马修·阿诺德）

北京大学

　　李赋宁（1917—2004），教育家、翻译家。曾任北京大学教授，西语系、英语系系主任，副教务长等。学贯中西，研究领域涉及哲学、伦理学、文学、美学、语言学和历史学等学科，尤其在英语语言史和英国文学方面有精深造诣。著作《英语史》被誉为我国"英语史教学研究的里程碑"。译有《艾略特文学论文集》，编有《英国文学名篇选注》等。

夫君子之行靜以修身儉以養德

非澹泊無以明志非寧靜無以致遠

夫學須靜也才須學也

非學無以廣才非志無以成學

右錄諸葛武候誡子書部分以共勉

張澔 二○○○、四、廿、

张
澔

　　夫君子之行，静以修身，俭以养德。非淡泊无以明志，非宁静无以致远。夫学须静也，才须学也，非学无以广才，非志无以成学。（诸葛亮《诫子书》部分）

北京大学

张滂（1917—2011），有机化学家，学部委员（院士）。曾任北京大学教授。在以天然产物为中心的合成、新型化合物和试剂的设计和合成等方面取得了重要成果。主编有《有机合成进展》，译有《有机化学》等。

教书育人旨在育人
科学研究贵在攻坚
循序渐进终极为进

董申保

二〇〇〇二

董申保

教书育人旨在育人，科学研究贵在攻坚，循序渐进终极为进。

188

北京大学

　　董申保（1917—2010），地质学家，学部委员（院士）。曾任北京大学教授。主要致力于变质岩石学和岩浆岩石学的研究。代表作品有《中国变质地质图及说明书》等。

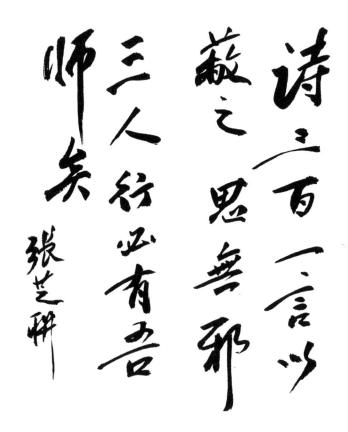

张芝联

《诗》三百，一言以蔽之，思无邪。三人行，必有吾师矣。

北京大学

　　张芝联（1918—2008），历史学家。曾任北京大学教授。在世界史方面造诣深厚，尤长于法国史研究。代表作品有《从〈通鉴〉到人权研究》《法国史论集》《法国通史》等。

从大处着眼从小处着手
要有多年的积累不要急
于求成工夫不负有心人

胡济民

胡济民

从大处着眼，从小处着手，要有多年的积累，不要急于求成，工夫不负有心人。

北京大学

胡济民（1919—1998），核物理学家、教育家，学部委员（院士）。曾任北京大学技术物理系系主任等。北京大学技术物理系创始人之一。在等离子体理论及重离子核物理方面有精深的研究。主编出版的《原子核理论》是我国核理论教学的必备教材和核科技工作者的重要参考书。

学问之道，惟有精学、多向、深思、细察，不断检验，勤于耕耘，收获
必丰。

胡代光

二○○○年二月二日

北京大学

胡代光（1919—2012），经济学家。曾任北京大学教授、经济学院院长等。主要研究西方当代经济学。代表作品有《米尔顿·弗里德曼和他的货币主义》《当代资产阶级经济学主要流派》等。

清平樂 晴春　　黃庭堅

春踪何廢猙窶無行路若有人

知春去廢喚取踪来同住

春無踪跡誰知除非問取黃鸝

百將無人能鲜因風飛過蓄薇

一九九二年夏北京大学燕園

高小霞学书

高小霞

春归何处，寂寞无行路。若有人知春去处，唤取归来同住。　　春无踪迹谁知，除非问取黄鹂。百啭无人能解，因风飞过蔷薇。（黄庭坚《清平乐·晴［晚］春》）

◎高小霞的父亲高云塍是一位书法家，曾任上海中华书局编辑。当时，中华书局用他写的楷书制成活字，供印刷厂印书使用。父亲对高小霞影响很大，她的书法水平也颇高。

196

北京大学

　　高小霞（1919—1998），分析化学家，学部委员（院士）。曾任北京大学教授。领导电分析化学小组进行极谱催化波的研究，开创了几十种微量元素的灵敏分析方法，特别是微量稀土元素的极谱分析法在国内外领先。代表作品有《铂族元素的极谱催化波》《电化学分析法在环境监测中的应用》《电分析化学导论》等。

学习知識不是越多越好越深越好而是应当与自己驾驭知識的能力相匹配.

黄昆

一九九〇·十一月

黄昆

学习知识不是越多越好，越深越好，而是应当与自己驾驭知识的能力相匹配。

北京大学

　　黄昆（1919—2005），物理学家，学部委员（院士）。曾任北京大学教授等。中国半导体物理学研究的开创者之一。提出多声子的辐射和无辐射跃迁的"黄－里斯理论"。首创晶体中声子与电磁波的耦合振动模式及有关的"黄方程"。首次提出固体中杂质缺陷导致 X 光漫散射的"黄散射"理论。代表作品有《晶格动力学理论》等。

老当益壮，
业精于勤。

廖山涛

1996.1月

老当益壮，业精于勤。

北京大学

廖山涛（1920—1997），数学家，学部委员（院士）。曾任北京大学教授。在常微动力系统方面做出重大贡献，是这一研究领域的开拓者之一。代表作品有《纤维丛理论及其应用中的几个问题》《同伦论基础》《微分动力系统的定性理论》等。

故善言古者必有征于今。（荀子《性恶篇》语）

◎此为1988年朱德熙为《古汉语研究》创刊号所作题词。

北京大学

　　朱德熙（1920—1992），语言学家、古文字学家、教育家。曾任北京大学教授。在汉语语法、语文教学、古文字研究等方面都做出了突出贡献。代表作品有《现代汉语语法研究》《语法讲义》等。

人才为本

求是创新

徐光宪

二〇〇年四月

徐光宪

人才为本，求是创新。

徐光宪（1920—2015），化学家，学部委员（院士）。曾任北京大学教授、原子能系（后改为技术物理系）副系主任、稀土化学研究中心主任等。发现稀土溶剂萃取体系具有"恒定混合萃取比"的基本规律，引导稀土分离技术的全面革新，被誉为"中国稀土之父"。代表作品有《物质结构》《量子化学——基本原理和从头计算法》《萃取化学原理》《稀土的溶剂萃取》《稀土》等。

扎实的基础

勇敢地创新

根深而叶茂

振兴吾中华

北京大学力学与工程科学系 王仁

王仁

扎实的基础，勇敢地创新，根深而叶茂，振兴吾中华。

北京大学

　　王仁（1921—2001），力学家、地球动力学家，学部委员（院士）。曾任北京大学教授、力学系主任等。在固体力学和地球动力学方面造诣颇深，代表作品有《华北地区近700年地震序列的数学模拟》《固体力学基础》《塑性力学基础》等。

大道之行也天下为公选贤与能讲信修
睦故人不独亲其亲不独子其子使老有
所终壮有所用幼有所长矜寡孤独废疾
者皆有所养男有分女有归货恶其弃于
地也不必藏于己力恶其不出于身也不
必为己是故谋闭而不兴盗窃乱贼而不
作故外户而不闭是谓大同

《礼记·礼运》

黄枬森 [印]

一九九六年八月

黄枬森

大道之行也，天下为公，选贤与能，讲信修睦。故人不独亲其亲，不独子其子，使老有所终，壮有所用，幼有所长，矜、寡、孤、独、废疾者皆有所养，男有分，女有归。货恶其弃于地也，不必藏于己；力恶其不出于身也，不必为己。是故谋闭而不兴，盗窃乱贼而不作，故外户而不闭，是谓大同。(《礼记·礼运》部分)

北京大学

黄枬森（1921—2013），又名黄楠森，哲学家。曾任北京大学教授、哲学系系主任。中国马克思主义哲学史学科的开创者。代表作品有《〈哲学笔记〉注释》《〈哲学笔记〉与辩证法》等。

黄河落天走東海
萬里瀉入胸懷間
右錄李白詩句

宿白

宿
白

黄河落天走东海，万里泻入胸怀间。（李白《赠裴十四》诗句）

210

北京大学

　　宿白（1922—2018），考古学家。曾任北京大学教授、考古系系主任等。主要致力于隋唐考古学和佛教考古学的研究。代表作品有《白沙宋墓》《西安地区唐墓壁画的布局和内容》《中国石窟寺研究》等。

弘扬创业精神
发展科学技术
促进社会进步
维护世界和平

朱光亚

一九九三年六月

朱光亚

弘扬创业精神，发展科学技术，促进社会进步，维护世界和平。

北京大学

朱光亚（1924—2011），物理学家，两院院士。曾在北京大学任教。主要从事核反应堆的研究工作。曾参与组织原子弹、氢弹试验，为"两弹"技术突破及武器化工作做出了重要贡献。主编有《中国科学技术前沿》。1999年被授予"两弹一星功勋奖章"。

罗荣渠

路漫漫其修远兮，吾将上下而求索。

◎这幅字书写于20世纪80年代，并悬挂于罗荣渠的书房。罗先生甚爱屈原此句，并将其书房命名为"上下求索书屋"。

214

北京大学

　　罗荣渠（1927—1996），历史学家。毕业于北京大学，曾任北京大学教授。主要致力于世界近现代史、美国史、拉美史、中美关系史及现代化问题的研究。代表作品有《伟大的反法西斯战争》等。

北京大学建校百年志庆

金开诚

海为龙世界

216

北京大学

金开诚（1932—2008），文艺理论家。曾任北京大学教授。主要研究中国古典文学和文艺心理学。代表作品有《文艺心理学论稿》《艺文丛谈》等。

日照香炉生紫烟

遥看瀑布挂前川

飞流直下三千尺

疑是银河落九天

抄写李白诗《望庐山瀑布》

石青云 一九九六年 三月

石青云

日照香炉生紫烟，遥看瀑布挂前川。飞流直下三千尺，疑是银河落九天。（李白《望庐山瀑布》）

218

北京大学

　　石青云（1936—2002），模式识别和图像数据库专家，学部委员（院士）。毕业于北京大学，曾任北京大学教授。论著编为《石青云文集》。

一个人献身于学术就没有权利再像普通人一样生活法，必然会失掉常人所能享受的一些乐趣，也会得到常人所不能享受到的一些乐趣。

王　选　1995. 7. 10

王　选

　　一个人献身于学术就没有权利再像普通人一样生活法，必然会失掉常人所能享受的一些乐趣，也会得到常人所不能享受到的一些乐趣。

北京大学

　　王选（1937—2006），计算机科学家，两院院士。毕业于北京大学。曾任北京大学教授、北大计算机科学技术研究所所长等。主要致力于文字、图形和图像的计算机处理研究。领导研发成功的激光照排技术被认为是中国印刷业的一场"告别铅与火"的革命。荣获2001年度"国家最高科学技术奖"。

致　谢

　　《北大名家墨迹手账》资料主要来源于北京大学档案馆、北京大学校史馆，以及《北京大学名人手迹》《二十世纪北京大学著名学者手迹》等图书。部分资料的整理、审校工作得益于刘雨晴、张翁越的协助。

　　谨此致谢！

《北大名家墨迹手账》编写组

图书在版编目（CIP）数据

北大名家墨迹手账/张国有主编. —北京：北京大学出版社，2019.5

ISBN 978-7-301-30411-2

Ⅰ.①北… Ⅱ.①张… Ⅲ.①本册 Ⅳ.①TS951.5

中国版本图书馆CIP数据核字（2019）第051379号

书　　　名	北大名家墨迹手账	
	BEIDA MINGJIA MOJI SHOUZHANG	
著作责任者	张国有　主编	
策划编辑	周雁翎	
责任编辑	张亚如　王　彤	
标准书号	ISBN 978-7-301-30411-2	
出版发行	北京大学出版社	
地　　　址	北京市海淀区成府路205号　　100871	
网　　　址	http://www.pup.cn　　　新浪微博:@北京大学出版社	
微信公众号	通识书苑（微信号：sartspku）	
	科学元典（微信号：kexueyuandian）	
电子邮箱	编辑部jyzx@pup.cn　　　总编室zpup@pup.cn	
电　　　话	邮购部010-62752015　　发行部010-62750672	
	编辑部010-62753056	
印刷者	天津裕同印刷有限公司	
经销者	新华书店	
	787毫米×1092毫米　32开　7印张　35千字	
	2019年5月第1版　　2025年1月第4次印刷	
定　　　价	58.00元	